幸福小"食"光系列

低卡美味思慕雪，
在家搞定！

郑颖 ◎ 主编

U0338307

中国纺织出版社

图书在版编目（CIP）数据

低卡美味思暮雪，在家搞定！ / 郑颖主编.--北京：
中国纺织出版社，2017.8
（幸福小"食"光系列）
ISBN 978-7-5180-3724-7

Ⅰ.①低… Ⅱ.①郑… Ⅲ.①果汁饮料-制作 Ⅳ.
①TS275.5

中国版本图书馆CIP数据核字（2017）第149293号

摄影摄像：深圳市金版文化发展股份有限公司
图书统筹：深圳市金版文化发展股份有限公司

责任编辑：卢志林 　　　　　　　　　责任印制：王艳丽

中国纺织出版社出版发行
地址：北京市朝阳区百子湾东里A407号楼　　邮政编码：100124
销售电话：010－67004422　　传真：010－87155801
http://www.c-textilep.com
E-mail:faxing@c-textilep.com
中国纺织出版社天猫旗舰店
官方微博http://weibo.com/2119887771
深圳市雅佳图印刷有限公司印刷　　各地新华书店经销
2017年8月第1版第1次印刷
开本：710×1000　1 / 16　印张：10
字数：70千字　定价：42.80元

序言 Preface

　　说起思慕雪，可能很多人都少有耳闻，但对于美食狂热者来说，就显得格外亲切。因为在他们看来，思慕雪就是颜值、营养、美味的象征。

　　思慕雪源于20世纪60年代中期的美国，那时候在美国掀起了一股有益身体健康的素食主义浪潮。为了满足社会的需求，以健康食品为主题的零售餐馆应运而生。其中，餐馆菜单上最受欢迎的就是思慕雪。

　　思慕雪是将冷冻水果或新鲜蔬菜用搅拌机打碎后加上碎冰、果汁、雪泥、乳制品等，混合而成的半固体饮料，其富含多种维生素，对身心健康都非常有益，可谓是一款非常健康的饮品。

　　本书介绍了多款经典的思慕雪，每款思慕雪都有详细的制作讲解，让您轻松掌握制作方法，在家来一杯就是这么简单。当节假日来临之际，为家人献上一份营养健康的思慕雪，大家在欢笑中共饮，其乐融融，更添生活乐趣！

　　为了更加立体直观地介绍思慕雪的制作过程，书中的部分思慕雪还配有二维码，只需要您拿起手机扫一扫，专业的甜品老师针对制作方法的视频讲解马上呈现在您的眼前，不用担心学不会哦！

　　最后，希望思慕雪每天都能陪伴着大家的欢与笑，给大家带来身心的健康和愉悦。本书在编撰过程中难免有疏忽或遗漏，欢迎大家进行交流和指正，让我们一起期待思慕雪的风靡和狂热吧！

目录

健康时尚的思慕雪，
你也来一杯

轻松易做的
经典水果思慕雪

C O N T E N T S

C O N T E N T S

3 PART

绿色健康的蔬果思慕雪

C O N T E N T S

享受美好生活，
从一杯思慕雪开始

健康时尚的思慕雪，你也来一杯

思慕雪是现下比较受女性群体欢迎的一种健康饮品，主要成分为新鲜的水果或冷冻的水果，其清凉解暑、色彩缤纷，大家快来畅饮一杯吧！

调 制 思 慕 雪 的 工 具

此处向大家介绍本书中思慕雪制作所需的工具。在正式开始调制思慕雪前，请先备齐以下工具。

榨汁机

榨汁机是调制果饮时最重要的工具。本书所有思慕雪的制作、果饮样品和拍摄的图片均使用专业榨汁机制作而成，不过能处理冰块和冷冻水果的家用榨汁机也可以。部分型号的榨汁机不可以处理冰块和冷冻水果，不适合用于调制本书介绍的果饮。

手动榨汁机

用于榨取橙子和柠檬等果饮。手动榨汁机分用于榨取柠檬和青柠果饮的小尺寸型号，还有用于榨取橙汁的大尺寸型号。使用时，先将水果切成片，放入滤网中，插入手柄用力挤压并旋转，可视水果软硬程度控制压榨的力度。

量杯

用于量取液体食材，准备一个有刻度、总量为200毫升左右的计量杯即可。

4

电子秤

用于测量重量。本书中主要用于测量冷冻后的水果。

5

冷冻保鲜袋

封口带有拉锁的密封塑料保鲜袋。将准备用于制作思慕雪的水果切成适合的尺寸，装入保鲜袋中冷冻。

6

制冰盒

本书中用到的冰块和柠檬汁冰块需要用到制冰盒来制作。

7

长柄汤匙

榨汁机在搅拌过程中没有充分拌匀水果和冰块时，长柄汤匙可用于帮助其搅拌均匀。尽量挑选柄部较长，匙头较小的汤匙，以便轻松插入刀片之间。

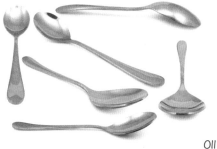

调制思慕雪的基本步骤

所有思慕雪的调制方法均相似。在冷冻和倒入榨汁机中搅拌时，需要稍微掌握一些小妙招，即可轻松制作出美味的思慕雪。

材料切块

将准备用于调制果饮的水果刮皮去籽后，切成一口可以食用的块状，切法因食材而异。

冷冻

将切好的水果装入保鲜袋中冷冻。装袋时将水果放平，避免重叠，用吸管吸出多余的空气后封口，以保证冷冻后可以轻松取出所需分量。充分冷冻可以保留水果本身的松软口感，请至少冷冻一个晚上以上。

用吸管排出空气：为了快速冷冻，保存美味，用吸管排出保鲜袋中的空气。将吸管插入保鲜袋的一侧，再将袋口封紧，从吸管中吸出空气，然后快速拔出吸管，密封袋口。这一技巧刚开始可能不太熟练，不过很快就能学会。

冷冻保存当季水果：待水果成熟，价格便宜的时候购买，切块后冷冻保存。随时可以取出所需分量，品尝新鲜果饮。

使用榨汁机搅拌

将冷冻后的水果和其他材料同时倒入榨汁机中，按下启动按钮即可！调制方法仅此而已！

用长柄汤匙拌匀

冰块和冷冻水果没有被彻底搅匀，榨汁机的刀片处于空转状态时，关掉电源，打开盖子，将汤匙插入刀片之间翻搅，再次盖上盖子，打开电源。重复几次上述步骤，果饮的口感自然会由注水感变得细腻绵密。

倒入玻璃杯中

材料变得松软润滑时，即榨取成功，用汤匙将榨汁机的果饮全部倒入玻璃杯中。可以将用于调制果饮的新鲜水果作为装饰配料，或者配上香草、坚果、水果干等。装饰果饮能帮助我们发现新的美味，而且可以使果饮的外表更加美观可爱，就算用于招待客人也不会显得寒酸。

思慕雪中使用的水果

一年四季，各种应季水果可以让思慕雪的口味变化无穷。根据当天的心情将水果自由组合，探索出自己喜爱的混搭组合真是妙趣无穷。但在用水果调制思慕雪时需要注意以下几点。

● 请大家以季节为中心，尽量选择新鲜的水果。材料的种类不要增加得过多，简单的品种比较容易持续下去，口味更佳，同时又不会给消化造成什么负担。

● 柑橘的种子很苦，所以请大家细心地清除干净。

● 如果不是特别在意口感，如苹果、梨、桃、猕猴桃等薄皮水果可以带皮使用。像香蕉和柑橘类这些皮比较厚的水果就需要将皮剥掉。

● 请大家务必使用已经成熟的水果。这样既能减轻消化的负担，又能增加甜度。

● 也可以使用冷冻水果和干燥水果。家中常备些冷冻和干燥水果就可以在新鲜水果不足的时候能方便使用。

● 除了柑橘以外，其他水果基本上可以连种子一起放进搅拌机。不过如果对口感有比较高的

要求则需要剔除。像芒果和桃这样核很硬的品种就必须要除去果核，只使用果肉部分。

思 慕 雪 中 使 用 的 蔬 菜

一年之中我们能买到各种各样的蔬菜，有些比较适合调制思慕雪，且口感别有一番滋味。大家可以试着去挑选自己喜爱的蔬菜制成思慕雪。用蔬菜制作思慕雪时需要注意以下几点。

● 使用的绿叶蔬菜基本上一次一种。香草可以提升饮品的风味，因此有时候也可以加入多种蔬菜。使用的材料越少，消化的负担越轻。

● 虽说都是生菜，不过跟偏白的卷心生菜相比，使用红叶生菜和绿叶生菜效果更佳。深绿色蔬菜里含有更丰富的叶绿素。

● 不要总是使用同一种绿叶蔬菜，尽量每天更换蔬菜的种类，进行多种尝试。因为绿叶蔬菜中含有一种叫做生物碱的微量毒素，为了防止生物碱在体内堆积，避免持续使用同一种蔬菜就是一种有效预防的方法。而且食用各种各样的蔬菜能摄取不同的营养素。

● 由于水果和淀粉类蔬菜一起食用会阻碍消化，所以在思慕雪中一般不使用根茎菜等淀粉类蔬菜。还有在绿叶蔬菜中，像圆白菜、白菜、嫩茎菜花、羽衣甘蓝等蔬菜虽然茎是绿色的，但是却富含淀粉，我们要尽量避免使用这样的蔬菜（羽衣甘蓝可以将茎去掉，只使用叶的部分）。

思 慕 雪 的 健 康 意 义

一、塑造苗条曼妙身材

　　蔬菜和水果是思慕雪的主要食材，我们知道很多蔬果都具有减脂、排毒、塑造完美体型的作用。所以经常将这些蔬果制成思慕雪饮用，能有效改善身心健康，最终收获苗条曼妙身材。下面介绍一些具有减脂瘦身作用的蔬果。

1 草莓	草莓被称为减肥第一果，所含的维生素C和多酚物质非常丰富，帮助养颜抗氧化、清除自由基的同时，还有利于铁的吸收。
2 香蕉	香蕉是非常健康的减肥之选。"早间香蕉食谱"是当前日本最流行的一种减肥食谱。上午多吃香蕉能够帮助你成功瘦身。
3 猕猴桃	猕猴桃的维生素含量在所有水果中名列前茅，被誉为"水果之王"。猕猴桃属于营养和膳食纤维丰富的低脂肪食品，对美容、减肥、健美具有独特的功效。
4 黄瓜	黄瓜不仅富含维生素C、胡萝卜素和钾，也含有抑制糖类物质转化成脂肪的丙醇二酸，能抑制糖类转变为脂肪，从而起到减肥的作用。
5 胡萝卜	胡萝卜不仅有生吃养血、熟吃补身的功用，更具有益肝明目、利膈宽肠、健脾除疳、增强免疫功能、降糖降脂的功效，是爱美女士减肥的好食材。

二、美颜护肤，打造洁白光泽肌肤

皮肤暗淡无光，很多时候是因为体内毒素排不出去所导致，换一种话说，就是便秘。

被便秘困扰的大多数人，都是因为摄入的食物纤维不足。食物纤维和水结合，可以帮助大家顺利排泄。野生黑猩猩一天大概可以摄取 300 克的食物纤维，这个量是我们的 20~30 倍。

绿叶蔬菜中富含食物纤维，被称作"魔法海绵"。这块辛勤劳动的海绵将体内不需要的毒素一点一点吸收，然后通过排泄的方式排出体外。因此，一旦食物纤维不足就会发生便秘。那么这些毒素在身体中发生了什么呢？如果毒素无法排出身体，可导致各脏腑组织细胞的功能障碍，气血失和，阴阳失衡，引发多种疾病，如便秘、痤疮、头痛、失眠、体重增加、色斑等症状。

无论是绿叶蔬菜或是水果，都包含了水分和食物纤维！只要你能坚持一天一杯思慕雪，就能帮你消除便秘，重拾光滑肌肤。

食物纤维在美容方面还有一个十分重要的作用。因为纤维是抗氧化物质，可以抑制身体氧化，所以大量摄入纤维能够使机体保持青春，起到抗衰老的作用。

三、帮助肠道消化，提高营养吸收率

想要食物充分消化吸收，需要两个条件：一是细嚼慢咽，二是能够分泌足够的胃酸。

第一，细嚼慢咽。都说在吃饭的时候尽可能仔细咀嚼比较好，那么到底咀嚼得多充分才可以呢？想要食物充分吸收，就必须要花时间将食物充分咀嚼，直到食物的形状完全消失为止。不过要花上几个小时慢慢咀嚼对于忙碌的我们来讲也是不可能的。再加上现代人已经习惯了烹调后质地软嫩的加工食物，牙齿和上下颌已经退化。因此，想要将食物咀嚼到能完全消失的状态几乎是不可能的。思慕雪是用搅拌机将食物打得顺滑又细腻，这对消化吸收来讲真是非常得力。

第二，能够分泌足够的胃酸。在日常生活中很少有人会关注胃酸的问题，但这个问题确实非常重要。然而实际的情况是，现代人大多数都存在胃酸不足的问题。如果胃酸不足，那么好不容易吃下的好东西却不能在胃里得到充分吸收。营养不足时，就算再怎么吃也满足不了身体的需求，这样就会造成暴饮暴食。相反的，如果吸收能力提升，能够满足身体的需求，那么也就不会出现过食的现象。研究表明，持续饮用思慕雪能够改善胃酸的分泌，使身体趋于正常。

制作、饮用思慕雪的基本法则

制作思慕雪绝不是一件让人很难坚持的事。所以我们可以轻轻松松开始，并一直持续下去。由于每个人的喜好和体质都不尽相同，所以大家可以通过各种各样的实验来开发出适合自己的思慕雪。不过还是要了解一些基本的法则，以达到最好的效果。

制作方法的基本法则

不要加入盐、食用油、甜味剂、豆奶、市面上贩卖的果汁、粉末状青汁和各种添加剂。

一次不要增加太多种材料。配方尽可能简单，这样既好喝，又不容易对消化造成负担。

要使用新鲜的绿叶蔬菜和水果，水果处在成熟状态最为理想。

一次制作出一天要喝的思慕雪，放在阴凉处或冰箱里，能保存一天。

不宜加入太多的绿叶蔬菜，以保证思慕雪的良好口感。

饮用的基本法则

尽可能每天都饮用思慕雪。

每个人的饮用量不同。虽说一杯已经足够，不过如果每天能饮用1升，效果将更加明显。

不要在吃饭时一起喝，请单独饮用。如果想要吃其他的东西，请前后间隔40分钟以上。

不要像喝水和饮料那样一饮而尽，要花时间慢慢品味。在养成习惯之前，建议大家用勺子一口一口舀着喝。

轻松易做的经典水果思慕雪

制作思慕雪多是使用冷冻水果，这样榨出来的思慕雪不仅口感细腻，而且爽滑可口！本章介绍了多款经典的水果思慕雪，让大家在闲暇之余多了一份健康饮品的选择。

香蕉

香蕉含有丰富的 B 族维生素、钾元素和膳食纤维，营养均衡，素有"奇迹水果"之称。适合搭配所有水果，可作主角也可作配角。最好使用熟透的香蕉进行冷冻处理。

选购

香蕉成熟后表皮容易出现黑褐色斑点，这种香蕉最适合用于调制思慕雪。

营养价值

香蕉中的钾元素能降低机体对钠盐的吸收，故其有降血压的作用；所含的纤维素可润肠通便，对于便秘、痔疮患者大有益处；含有的维生素 C 是天然的免疫强化剂，可抵抗各类感染。

如果过分成熟，容易变得滑溜，口感也随之变差。

切法和冷冻方法

1. 切除香蕉头尾，剥去外皮。
2. 将香蕉横切成 1 厘米厚的圆片。
3. 备好冷冻保鲜袋，装入切好的香蕉片。
4. 排出袋中空气，放入冷冻室中冷冻。

人人都爱的美味思慕雪

香蕉汁

材料

香蕉（冷冻方法请参照第 22 页）…… 100 克
牛奶……………………80 毫升

制作方法

将所有材料倒入榨汁机中，搅拌均匀后倒入
玻璃杯中即可。

热量
135
千卡

新店开张时最受欢迎的思慕雪

香蕉柳橙果饮

材料

香蕉（冷冻方法请参照第 22 页）……… 50 克

橙子（冷冻方法请参照第 30 页）……… 60 克

牛奶……………50 毫升

酸奶……………50 毫升

柠檬汁……………5 克

制作方法

1 备好榨汁机，倒入冷冻香蕉。

2 再倒入冷冻橙子，加入牛奶、酸奶、柠檬汁。

3 打开榨汁机开关，将食材打碎，搅拌均匀。

4 将新鲜橙子切成半月形贴在杯壁，倒入榨好的果饮，适当装饰即可。

轻松易做的经典水果思慕雪

下午茶，你还在苦于不知道吃什么吗？

香蕉砂梨哈密瓜果饮

材料

香蕉（冷冻方法请参照第 22 页）⋯⋯⋯80 克
砂梨（冷冻方法请参照第 64 页）⋯⋯⋯80 克
哈密瓜（冷冻方法请参照第 74 页）⋯⋯50 克
牛奶⋯⋯⋯⋯⋯30 毫升
椰奶⋯⋯⋯⋯⋯30 毫升

制作方法

1 备好榨汁机，倒入冷冻香蕉、砂梨、哈密瓜。

2 加入牛奶、椰奶。

3 打开榨汁机开关，将食材打碎，搅拌均匀。

4 将打好的果饮倒入杯中，放入香蕉片点缀即可。

热量
182
千卡

甜丝丝，红彤彤，真够味！

香蕉草莓红糖果饮

材料

香蕉（冷冻方法请参照第 22 页）┄┄ 100 克

草莓（冷冻方法请参照第 70 页）┄┄ 80 克

红糖 ┄┄┄┄┄┄┄ 20 克

酸奶 ┄┄┄┄┄┄┄ 50 毫升

制作方法

1 备好榨汁机，倒入冷冻香蕉、草莓。

2 再倒入红糖，加入酸奶。

3 打开榨汁机开关，将食材打碎，搅拌均匀。

4 将打好的果饮倒入杯中，点缀上薄荷叶装饰好即可。

橙子

橙子富含具有美容功效的维生素 C 和胡萝卜素，气味清香、口感酸甜，呈鲜艳的橘红色，是一种能给人带来活力的健康水果。除了直接食用外，橙子还能用于调制各种思慕雪。

选购

橙子并不是越光滑越好，进口橙子往往表皮破孔较多，比较粗糙，而经过"美容"之后的橙子，

则非常光滑，几乎没有破孔。购买橙子时可以用湿纸巾擦一擦，如果上了色素，一般都会在纸巾上留下颜色。

营养价值

橙子含有大量的维生素 C 和胡萝卜素，可以抑制致癌物质的形成，还能软化和保护血管，促进血液循环，降低胆固醇和血脂。

切法和冷冻方法

1. 首先切去橙子头尾。
2. 再用刀切去果皮。
3. 将果肉切成两半后，再切成小块，最后去籽。
4. 将果肉块平放于保鲜袋中，排出袋中空气，放入冷冻室冷冻。

香气浓郁的健康风味，色泽艳丽、活力无限！

猕猴桃橙汁

材料

橙子（冷冻方法请参照第 30 页）……… 60 克

猕猴桃（冷冻方法请参照第 44 页）…… 44 克

牛奶……………80 毫升

柠檬汁……………5 毫升

热量
97
千卡

制作方法

将所有材料倒入榨汁机中，搅拌均匀后倒入玻璃杯中。如果有新鲜猕猴桃，将其切成半月形后贴在杯子内壁加以点缀。

热量
131
千卡

帮助改善眼部疲劳，集中注意力

蓝莓橙汁

材料

橙子（冷冻方法请参照第 30 页）········ 90 克

蓝莓（冷冻方法请参照第 106 页）····· 30 克

牛奶 ·················50 毫升

酸奶 ·················60 毫升

柠檬汁 ··············5 毫升

制作方法

1 备好榨汁机，倒入备好的冷冻蓝莓。

2 再倒入冷冻橙子。

3 加入牛奶、酸奶、柠檬汁。

4 打开榨汁机开关，将食材打碎，搅拌均匀，装杯即可。

热量
112
千卡

有一种不一样的风味口感

橙子柠檬生姜果饮

材料

橙子（冷冻方法请参照第 30 页）……… 80 克

柠檬汁冰块（制作方法请参照第 84 页）5 块

生姜汁 ……………10 毫升

牛奶 ……………30 毫升

酸奶 ………………50 毫升

制作方法

1 备好榨汁机，倒入冷冻橙子，加入柠檬汁冰块。

2 加入生姜汁、牛奶和酸奶。

3 打开榨汁机开关，将食材打碎，搅拌均匀。

4 将打好的果饮倒入杯中即可。

给全家人一人一份，其乐融融

橙子香蕉芒果果饮

材料

橙子（冷冻方法请参照第30页）……… 80克

香蕉（冷冻方法请参照第22页）……… 50克

芒果（冷冻方法请参照第96页）……… 50克

牛奶 ……………… 30毫升

酸奶 ……………… 30毫升

制作方法

1 备好榨汁机,倒入冷冻橙子、香蕉、芒果。

2 加入牛奶、酸奶。

3 打开榨汁机开关，将食材打碎，搅拌均匀。

4 将打好的果饮倒入杯中即可。

苹果

苹果是一种低热量食物，每 100 克只产生 60 千卡热量。苹果中营养成分可溶性大，易被人体吸收，故有"活水"之称，其有利于溶解硫元素，使皮肤润滑柔嫩。

选购

挑选苹果，首先要看果梗的凹槽深不深，越深苹果越甜；再看苹果是否有果点，有果点说明是正常

营养价值

苹果含有丰富的膳食纤维和钾元素，有助于消化。如果感觉肠胃不适，生病初愈或没有胃口时，建议多食用苹果。

发育的苹果；最后看苹果的果线是否均匀，均匀的话光照充分并且适宜。

切法和冷冻方法

1. 将苹果切成8块半月形，切去果芯。
2. 削去果皮，分别切成厚度约为2厘米的小块。
3. 果肉稍微泡过盐水后滤去水分。
4. 将果肉块平放于保鲜袋中，排出袋中空气，放入冷冻室中冷冻。

加适量苹果中和一下橙子的味道，会更好！

苹果鲜橙果饮

手机扫一扫
视频同步做

材料

苹果（冷冻方法请参照第 38 页）…… 100 克
鲜橙汁 ……………20 毫升

热量
96
千卡

制作方法

将所有材料倒入榨汁机中，搅拌均匀后倒入
玻璃杯中，放上切好的苹果块装饰即可。

热量
233
千卡

苹果和香蕉均是帮助清肠、消食的水果

苹果香蕉肉桂果饮

材料

苹果（冷冻方法请参照第 38 页）········· 80 克

香蕉（冷冻方法请参照第 22 页）········· 40 克

牛奶 ················40 毫升

酸奶 ················40 毫升

肉桂粉 ···················少许

制作方法

1 备好榨汁机,倒入备好的冷冻苹果。

2 再倒入冷冻香蕉。

3 加入牛奶、酸奶和少许肉桂粉。

4 打开榨汁机开关，将食材打碎，搅拌均匀，装入杯中即可。

热量
147
千卡

不是大家不爱吃水果，实乃搭配不合理

苹果香蕉燕麦果饮

材料

苹果（冷冻方法请参照第 38 页）┄┄ 80 克

香蕉（冷冻方法请参照第 22 页）┄┄ 80 克

燕麦 ┄┄┄┄┄┄┄ 20 毫升

酸奶 ┄┄┄┄┄┄┄ 50 毫升

薄荷叶 ┄┄┄┄┄┄┄ 少许

制作方法

1 备好榨汁机，倒入冷冻苹果、香蕉。

2 再倒入燕麦，加入酸奶。

3 打开榨汁机开关，将食材打碎，搅拌均匀。

4 将打好的果饮倒入杯中，点缀上燕麦和薄荷叶装饰好即可。

猕猴桃

猕猴桃也称奇异果，果形一般为椭圆状，早期外观呈绿褐色，成熟后呈红褐色，表皮覆盖浓密绒毛，其内是呈亮绿色的果肉和一排黑色或者红色的种子，是一种品质鲜嫩、营养丰富、风味鲜美的水果。

选购

挑选猕猴桃时，要购买颜色略深的那种，接近土黄色的外皮是日照充足的象征，甜味更足。

营养价值

猕猴桃是含维生素 C 最多的水果，还含有丰富的维生素 E、胡萝卜素和钾元素，此外还富含柠檬酸等有机酸，具有改善疲劳、预防贫血的功效。

此外，猕猴桃要挑整体软硬一致的，接蒂处周围颜色若是深色的，会更甜。

切法和冷冻方法

1 将猕猴桃横刀切成两半。
2 用刀削去果皮，再切成圆片。
3 将圆片切成小块，去除果芯。
4 将果肉块平放在保鲜袋中，排出袋中空气，放入冷冻室中冷冻。

一杯思慕雪，一个下午，一本书，悠闲的生活来自放松的心境

猕猴桃葡萄柚汁

材料

猕猴桃（冷冻方法请参照第 44 页）… 120 克

葡萄柚（冷冻方法请参照第 52 页）…… 40 克

牛奶 ………………… 20 毫升

酸奶 ………………… 10 毫升

柠檬汁 ……………… 5 毫升

薄荷叶 ……………… 少许

热量
126
千卡

制作方法

将所有材料倒入榨汁机中，搅拌均匀后倒入
玻璃杯中，适当装饰上薄荷叶即可。

热量
173
千卡

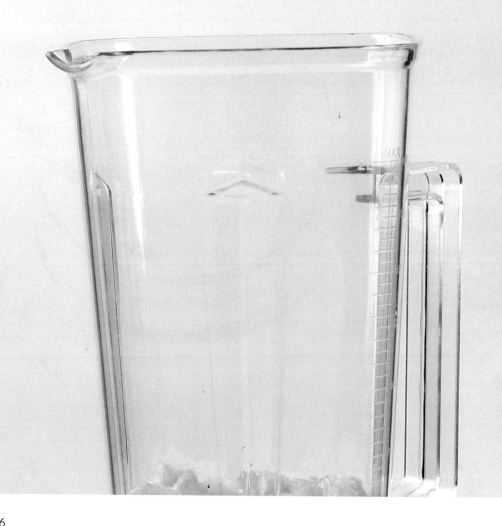

绝妙的酸甜口感，具有美容功效

猕猴桃菠萝汁

材料

猕猴桃（冷冻方法请参照第 44 页）····· 60 克

菠萝（冷冻方法请参照第 58 页）········ 50 克

牛奶 ··················50 毫升

酸奶 ··················50 毫升

柠檬汁 ··············5 毫升

制作方法

1 备好榨汁机，倒入备好的冷冻猕猴桃。

2 再倒入冷冻菠萝。

3 加入牛奶、酸奶、柠檬汁。

4 打开榨汁机开关，将食材打碎，搅拌均匀，装杯即可。

热量
134
千卡

富含维生素，有助于排除身体毒素

猕猴桃苹果美容果饮

手机扫一扫
视频同步做

材料

猕猴桃（冷冻方法请参照第 44 页）····· 40 克

苹果（冷冻方法请参照第 38 页）········ 70 克

牛奶 ···············70 毫升

酸奶 ···············30 毫升

柠檬汁 ···············5 毫升

制作方法

1 备好榨汁机，倒入备好的冷冻猕猴桃。

2 再倒入冷冻苹果。

3 加入牛奶、酸奶、柠檬汁。

4 打开榨汁机开关，将食材打碎，搅拌均匀，倒入杯中即可。

清爽的口感带来舒畅的心情

猕猴桃牛油果果饮

材料

猕猴桃（冷冻方法请参照第 44 页）⋯ 120 克
牛油果（冷冻方法请参照第 100 页）⋯ 60 克
牛奶⋯⋯⋯⋯⋯⋯60 毫升
酸奶⋯⋯⋯⋯⋯⋯40 毫升

制作方法

1 备好榨汁机，倒入备好的冷冻猕
  猴桃。

2 再倒入冷冻的牛油果，加入牛奶、
  酸奶。

3 打开榨汁机开关，将食材打碎，
  搅拌均匀。

4 将打好的猕猴桃牛油果奶昔倒入
  杯中即可。

葡萄柚

葡萄柚含有丰富的营养成分，是集预防疾病及保健与美容于一身的水果。其果肉柔嫩，多汁爽口，略有香气，味偏酸、带苦味及麻舌味。其果汁略有苦味，但口感舒适，全世界的葡萄柚约有一半被加工成果汁。

选购

挑选葡萄柚时，首先要选相对较重的，重则代表水分多；其次要注意柚皮触摸起来柔软而富有

弹性，这表示肉多皮薄。

营养价值

葡萄柚能够滋养组织细胞，增加体力，舒缓支气管炎，其所含的苦味物质柚苷有助于加速脂肪分解。

切法和冷冻方法

1 首先用刀切去葡萄柚的头尾部分。

2 再切去果皮以及白色部分。

3 竖着切成两半后，再将果肉切成边长约2厘米的小块，最后去籽。

4 将果肉块平放于保鲜袋中，排出袋中空气，放入冷冻室冷冻。

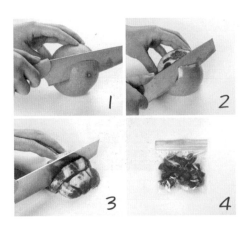

来吧夏天，微苦、酸甜多汁的葡萄柚，绝对适合这样的天气！

葡萄柚奶昔

材料

葡萄柚（冷冻方法请参照第 52 页）… 120 克
牛奶 ……………… 50 毫升
酸奶 ……………… 30 毫升
柠檬汁 ……………… 5 毫升

热量
115
千卡

制作方法

将所有材料倒入榨汁机中，搅拌均匀后倒入
玻璃杯中即可

热量
77
千卡

口味酸酸甜甜带着淡淡西柚的苦香，连夏困也消去不少

葡萄柚香蕉奶昔

材料

葡萄柚（冷冻方法请参照第 52 页）····· 70 克
香蕉（冷冻方法请参照第 22 页）········ 40 克
牛奶 ···············80 毫升
柠檬汁 ················5 毫升

制作方法

1 备好榨汁机，倒入备好的冷冻葡萄柚。

2 再倒入冷冻香蕉。

3 加入牛奶、柠檬汁。

4 打开榨汁机开关，将食材打碎，搅拌均匀,装杯,点缀上果肉即可。

热量
132
千卡

轻松易做的经典水果思慕雪

不可多得的营养美味佳品

葡萄柚草莓椰奶果饮

材料

葡萄柚（冷冻方法请参照第 52 页）……50 克

草莓（冷冻方法请参照第 70 页）……100 克

椰奶……………30 毫升

酸奶……………50 毫升

亚麻籽……………少许

薄荷叶……………少许

制作方法

1 备好榨汁机，倒入冷冻葡萄柚、草莓。

2 再加入椰奶、酸奶。

3 打开榨汁机开关，将食材打碎，搅拌均匀。

4 将打好的果饮倒入杯中，点缀上少许熟亚麻籽和薄荷叶装饰即可。

菠萝

菠萝原产巴西，是热带和亚热带地区的著名水果，在我国主要栽培地区有广东、海南、广西、台湾、福建、云南等省区。菠萝果形美观，汁多味甜，有特殊香味，深受人们喜爱。

选购

挑选菠萝要注意色、香、味三方面：果实青绿、坚硬、没有香气的菠萝不够成熟；色泽已经由

黄转褐，果身边软，溢出浓香的便是成熟果实。

营养价值

菠萝含有一种叫"菠萝蛋白酶"的物质，它能分解蛋白质，溶解阻塞于组织中的纤维蛋白和血凝块，改善局部的血液循环，消除炎症和水肿；菠萝中所含糖、盐类和酶有利尿作用，适当食用对肾炎、高血压病患者有益。

切法和冷冻方法

1. 用刀将菠萝去皮后，切去菠萝叶。
2. 竖着将菠萝切成四块，切去偏硬的果芯。
3. 再切成厚度约为 2 厘米的小块。
4. 将果肉块平放在保鲜袋中，排出袋中的空气，放入冷冻室冷冻。

南国热带岛屿一般的氛围

椰奶菠萝汁

材料

菠萝（冷冻方法请参照第 58 页）…… 120 克

椰奶……………30 毫升

牛奶……………60 毫升

柠檬汁……………5 毫升

热量
178
千卡

制作方法

将所有材料倒入榨汁机中，搅拌均匀后倒入玻璃杯中即可。

热量
138
千卡

完美中和了酸味和甜味

菠萝苹果果饮

手机扫一扫
视频同步做

材料

菠萝（冷冻方法请参照第 58 页）········ 80 克

苹果（冷冻方法请参照第 38 页）········ 30 克

牛奶·············80 毫升

柠檬汁·············5 毫升

制作方法

1 备好榨汁机，倒入备好的冷冻苹果。

2 再倒入冷冻菠萝。

3 加入牛奶、柠檬汁。

4 打开榨汁机开关，将食材打碎，搅拌均匀，装杯即可。

轻松易做的经典水果思慕雪

酸酸甜甜，营养满分，超级超级简单的菠萝橙汁思慕雪

菠萝甜橙果饮

手机扫一扫
视频同步做

材料

菠萝（冷冻方法请参照第 58 页）……… 50 克
橙子（冷冻方法请参照第 30 页）……… 40 克
鲜橙汁 ……………20 毫升
蓝莓 ………………3 颗

制作方法

1 备好榨汁机，倒入备好的冷冻菠萝。

2 再倒入冷冻橙子。

3 加入鲜橙汁，打开榨汁机开关，
将食材打碎，搅拌均匀。

4 将打好的菠萝甜橙汁倒入杯中，
加入蓝莓、菠萝装饰即可。

砂梨

砂梨果皮色泽多数为褐色或绿色，果点较大，一般无蒂，果梗较长，果肉白，水分多，肉质较细嫩且脆，石细胞少，味甜爽口。

选购

挑选砂梨时要先看外皮，如果外皮很厚，则不建议挑选，因为皮厚的梨可能不脆，口感会受影

响。另外，皮厚的梨削起来，也有一定的难度，所以建议挑皮薄的。

营养价值

砂梨含有丰富膳食纤维，具有缓解便秘的功效。同时，还富含因流汗而容易流失的钾元素，有助于改善疲劳的天冬氨酸，以及促进蛋白质分解的酶素等物质，是预防夏季疲乏的最佳水果。

切法和冷冻方法

1 将砂梨对半切开，再切成半月形状。

2 切除梨芯和梨皮。

3 再切成厚度约为2厘米的小块。

4 果肉块稍微泡过盐水后，平放在保鲜袋中，排出空气，放入冷冻室中冷冻。

每天的好心情，从一杯思慕雪开始！

砂梨芒果汁

材料

砂梨（冷冻方法请参照第 64 页）…… 90 克
芒果（冷冻方法请参照第 96 页）…… 30 克
牛奶 ……… 40 毫升
酸奶 ……… 40 毫升
柠檬汁 ……… 5 毫升

热量
129
千卡

制作方法

将所有材料倒入榨汁机中，搅拌均匀后倒入
玻璃杯中，装饰上切好的砂梨片即可。

热量
129
千卡

每天早餐空腹喝一杯思慕雪，保持好身材！

砂梨苹果果饮

材料

砂梨（冷冻方法请参照第 64 页）········ 80 克

苹果（冷冻方法请参照第 38 页）········ 30 克

牛奶 ················50 毫升

酸奶 ················30 毫升

柠檬汁 ················5 毫升

制作方法

1 备好榨汁机，倒入备好的冷冻苹果。

2 再倒入冷冻砂梨。

3 加入牛奶、酸奶、柠檬汁。

4 打开榨汁机开关，将食材打碎，搅拌均匀，装杯即可。

单单橙汁的味道太厚重，加了砂梨进去，瞬间小清新……

砂梨鲜橙果饮

材料

砂梨（冷冻方法请参照第 64 页）……… 100 克

鲜橙汁 …………… 100 毫升

制作方法

1 备好榨汁机，倒入备好的冷冻砂梨。

2 再倒入鲜橙汁。

3 打开榨汁机开关，将食材打碎，搅拌均匀。

4 将打好的砂梨鲜橙汁倒入杯中装饰好即可。

草莓

草莓外观呈浆果状圆体或心形，鲜美红嫩，果肉多汁，酸甜可口，香味浓郁，是水果中难得的色、香、味俱佳者，因此常被人们誉为果中皇后。

选购

挑选草莓时，应选色泽鲜亮、有光泽，结实、手感较硬者。太大的草莓忌买，过于水灵的草莓也

不能买。尽量挑选表面光亮、有细小绒毛的草莓。

营养价值

所有水果中，同重量下草莓所含的维生素 C 含量最高。同时，草莓还含有丰富的膳食纤维，以及有助于预防水肿的钾元素。草莓所含的胡萝卜素是合成维生素 A 的重要物质，具有明目养肝的作用。

切法和冷冻方法

1 洗净后的草莓拔去果蒂。
2 用刀将草莓底部切去。
3 再切成厚薄均匀的薄片。
4 将草莓片平放在保鲜袋中，排出袋中空气，放入冷冻室中冷冻。

粉红的草莓配上白腻的酸奶，早上来一杯，整天酸酸甜甜好心情！

草莓香蕉甜果饮

手机扫一扫
视频同步做

材料

草莓（冷冻方法请参照第 70 页）……200 克

香蕉（冷冻方法请参照第 22 页）……1 根

牛奶………………30 毫升

酸奶………………20 毫升

热量
152
千卡

制作方法

将所有材料倒入榨汁机中，搅拌均匀后倒入玻璃杯中，用切好的草莓、薄荷叶装饰即可。

热量
131
千卡

香蕉给你能量，草莓给你活力！

草莓香蕉奶昔

材料

草莓（冷冻方法请参照第 58 页）········ 70 克

香蕉（冷冻方法请参照第 22 页）········ 22 克

牛奶················80 毫升

柠檬汁················5 毫升

制作方法

1 备好榨汁机，倒入备好的冷冻香蕉。

2 再倒入冷冻草莓。

3 加入牛奶、柠檬汁。

4 打开榨汁机开关，将食材打碎，搅拌均匀，装杯即可。

哈密瓜

哈密瓜有"瓜中之王"的美称，其形态各异，风味独特，有的带奶油味，有的含柠檬香，但都味甘如蜜，奇香袭人。事先将熟透的哈密瓜冷冻保存，就能轻松调制绝品果饮。

选购

挑选哈密瓜时，首先要闻一闻，一般有香味的，成熟度适中。没有香味或香味淡的，是成熟

营养价值

哈密瓜含有丰富的维生素 C、胡萝卜素、钾元素和果胶，有助于调整肠胃、改善疲劳，还具有美容的功效。哈密瓜中含有丰富的抗氧化剂，能够有效增强细胞抗晒的能力，减少皮肤黑色素的形成。

度较差的。另外，用手摸一摸，如果瓜身坚实微软，这种瓜成熟度就比较适中；如果太硬则表示不太熟；太软就是成熟过度。

切法和冷冻方法

1. 将哈密瓜竖着切成两半，用汤匙掏去哈密瓜籽。
2. 再竖着分别切 4 块，切去果皮。
3. 将果肉切成厚度为 2 厘米的小块。
4. 将果肉块平放在保鲜袋中，排出袋中的空气，再放入冷冻室中冷冻。

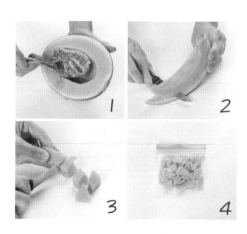

口感润滑、味道温厚的搭配

哈密瓜香蕉果饮

手机扫一扫
视频同步做

材料

哈密瓜（冷冻方法请参照第 74 页）…… 80 克

香蕉（冷冻方法请参照第 22 页）……… 30 克

牛奶……………80 毫升

柠檬汁……………5 毫升

蓝莓……………4 颗

薄荷叶……………2 片

热量
117
千卡

制作方法

将哈密瓜、香蕉、牛奶、柠檬汁倒入榨汁机中，搅拌
均匀后倒入玻璃杯中，点级上蓝莓、薄荷叶装饰即可。

好在哈密瓜多汁，不用加水就能把芒果打成泥，浓郁的味道刺激味蕾

哈密瓜芒果奶昔

材料

哈密瓜（冷冻方法请参照第 74 页）····· 80 克
芒果（冷冻方法请参照第 96 页）········ 30 克
牛奶 ··················80 毫升

制作方法

1 备好榨汁机，倒入备好的冷冻芒果。

2 再倒入冷冻哈密瓜。

3 加入备好的牛奶。

4 打开榨汁机开关，将食材打碎，搅拌均匀，装杯即可。

热量
147
千卡

饮一口，有一种置身果园的亲近感

哈密瓜香蕉椰奶果饮

材料

哈密瓜（冷冻方法请参照第 74 页）····100 克

香蕉（冷冻方法请参照第 22 页）········50 克

椰奶··············30 毫升

酸奶··············50 毫升

柠檬汁············10 毫升

薄荷叶··············少许

制作方法

1 备好榨汁机，倒入冷冻哈密瓜、香蕉。

2 加入椰奶、酸奶、柠檬汁。

3 打开榨汁机开关，将食材打碎，搅拌均匀。

4 将打好的果饮倒入杯中，用薄荷叶点缀即可。

西瓜

西瓜为夏季水果，果肉味甜，能降温去暑，有助于防止夏乏和抵抗紫外线。西瓜不能久放，如果要用作调制果饮，买回来后尽快冷冻处理。

选购

巧辨西瓜生熟：一手托西瓜，一手轻轻地拍打，或者用食指和中指进行弹打。成熟的西瓜，敲起来会发

营养价值

西瓜所含的糖和盐能利尿并消除肾脏炎症，蛋白酶能把不溶性蛋白质转化为可溶的蛋白质，增加肾炎病人的营养。常饮新鲜的西瓜汁能增加皮肤弹性，减少皱纹，增添光泽。

出比较沉闷的声音；不成熟的西瓜敲起来声脆。

切法和冷冻方法

1. 将西瓜切成厚度约2厘米的片状。
2. 将水果刀插入果皮和果肉之间，切去果皮。
3. 去除西瓜籽后切成块状。
4. 将果肉块平放在保鲜袋中，排出袋中的空气，再放入冷冻室中冷冻。

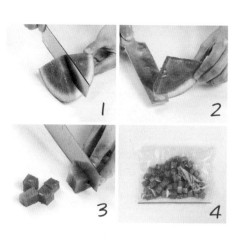

准备好西瓜过暑假，加上橙子带来的活力，这个夏天真幸福！

西瓜橙子奶昔

材料

西瓜（冷冻方法请参照第 80 页）……120 克

橙子（冷冻方法请参照第 30 页）……60 克

酸奶……………30 毫升

牛奶……………20 毫升

热量
70
千卡

制作方法

将所有材料倒入榨汁机中，搅拌均匀后倒入
玻璃杯中，放上切块的西瓜装饰即可。

热量
52
千卡

蓝莓让果饮的口感更富深度

西瓜蓝莓果饮

材料

西瓜（冷冻方法请参照第 80 页）……… 70 克
蓝莓（冷冻方法请参照第 106 页）…… 40 克
酸奶………………15 毫升

制作方法

1 备好榨汁机，倒入备好的冷冻西瓜。

2 再倒入冷冻蓝莓。

3 加入酸奶，打开榨汁机开关，将
食材打碎。

4 搅拌均匀，倒入杯中，放上蓝莓
装饰即可。

柠檬

一说到维生素 C，很多人首先会想到柠檬。如果制成果饮，仅一杯就能摄取人体所需的分量。只需使用牛奶或酸奶就能中和酸味，喝起来酸度适中，口感温润。

选购

优质柠檬个头中等，果形椭圆，两端均突起而稍尖，似橄榄球状。成熟者皮色鲜黄、光滑，色

营养价值

柠檬汁中含有大量柠檬酸盐，能够抑制钙盐结晶，从而阻止肾结石形成，甚至已形成的结石也可被溶解掉。因此，食用柠檬能防治肾结石，使部分慢性肾结石患者的结石减少、变小。

泽均匀，具有浓郁的香气。

切法和冷冻方法

1. 将柠檬切成片状后放入手动榨汁机中。
2. 用力压榨出柠檬汁。
3. 将柠檬汁倒入制冰盒中。
4. 将装有柠檬汁的制冰盒放入冷冻室中冷冻。

直接品尝最新鲜的美味

柠檬猕猴桃果饮

手机扫一扫
视频同步做

材料

柠檬汁冰块（制作方法请参照第84页）… 3块
猕猴桃（冷冻方法请参照第44页）…… 80克
牛奶……………60毫升
酸奶……………40毫升

热量
140
千卡

制作方法

将所有材料倒入榨汁机中，搅拌均匀后倒入玻璃杯中，在杯子内壁贴一片猕猴桃果肉薄片加以装饰即可。

炎炎夏日，来杯冰凉酸甜的柠檬酸奶果饮吧！

柠檬酸奶美白果饮

手机扫一扫
视频同步做

材料

柠檬汁冰块（制作方法请参照第 84 页）5 块
香蕉（冷冻方法请参照第 22 页）……… 50 克
牛奶……………30 毫升
酸奶……………50 毫升

制作方法

1 备好榨汁机，倒入备好的冷冻香蕉。

2 再倒入柠檬冰块。

3 加入备好的牛奶、酸奶。

4 打开榨汁机开关，将食材打碎，搅拌均匀，装杯，装饰好即可。

葡萄

葡萄品种很多，根据其原产地不同，分为东方品种群及欧州品种群。我国栽培历史久远的"龙眼""无核白""牛奶""黑鸡心"等均属于东方品种群；"玫瑰香""加里娘"等属于欧洲品种群。

选购

新鲜的葡萄表面有一层白色的霜，用手一碰就会掉，所以没有白霜的葡萄可能是被挑拣剩下

营养价值

葡萄中含有较多酒石酸,有助消化。葡萄中所含天然聚合苯酚，能与细菌及病毒中的蛋白质化合，使之失去传染疾病能力，对于脊髓灰白质病毒及其他一些病毒有杀灭作用。

的。品质好的葡萄,果浆多而浓，味甜,有香气。

切法和冷冻方法

1. 将葡萄果粒分别摘下后去皮。
2. 用刀对半切开后除去葡萄籽。
3. 再将葡萄切成小块。
4. 将果肉块平放于保鲜袋中，排出袋中的空气，再放入冷冻室中冷冻。

酸甜口味，口感温和，推荐担心色斑和皱纹的人饮用

葡萄苹果奶昔

材料

葡萄（冷冻方法请参照第 88 页）……… 70 克

苹果（冷冻方法请参照第 38 页）……… 40 克

牛奶………………50 毫升

酸奶………………40 毫升

柠檬汁………………5 毫升

热量
139
千卡

制作方法

将所有材料倒入榨汁机中，搅拌均匀后倒入
玻璃杯中，点缀上葡萄果肉即可。

热量
139
千卡

吃完早餐太热了，自己做了一杯紫色思慕雪，美美的

葡萄蓝莓汁

材料

葡萄（冷冻方法请参照第 88 页）…… 120 克

蓝莓（冷冻方法请参照第 106 页）…… 30 克

牛奶……40 毫升

酸奶……40 毫升

柠檬汁……5 毫升

制作方法

1 备好榨汁机,倒入备好的冷冻蓝莓。

2 再倒入冷冻葡萄,加入牛奶、酸奶、柠檬汁。

3 打开榨汁机开关,将食材打碎,搅拌均匀。

4 将打好的葡萄蓝莓汁倒入杯中,点缀上蓝莓即可。

蜜橘

蜜橘不仅营养丰富，而且色彩艳丽，香气浓烈，酸甜适度，令人闻则思念，望则垂涎，食则甘美。南丰蜜橘为我国古老柑橘的优良品种之一，早在两千多年以前南丰蜜橘就已列为"贡品"。

选购

看橘皮表皮：表皮粗糙、有大颗粒的，皮都比较厚，压秤还不甜；表皮平滑的，一般橘皮不厚，

营养价值

蜜橘含有丰富的维生素C，具有预防感冒和美容的功效。同时还富含有助于缓解疲劳的柠檬酸，以及强化血管的维生素P。冷冻时保留橘络，制成果饮饮用，可以帮助人体摄取丰富的膳食纤维。

所以都比较甜。
看弹性：软的，并且尚有韧性，橘子较好吃；太硬太软的，不是没熟就是熟过头了。

切法和冷冻方法

1. 将蜜橘掰成两半。
2. 剥去蜜橘果皮。
3. 再分别掰成一瓣一瓣备用。
4. 将果肉块平放在保鲜袋中，排出袋中的空气，再放入冷冻室中冷冻。

冬天，正好是吃蜜橘的季节，每天吃饭的时候就该来杯蜜橘思慕雪

蜜橘橙子奶昔

材料

蜜橘（冷冻方法请参照第 92 页）…… 120 克
牛奶……………………50 毫升
酸奶……………………30 毫升
柠檬汁……………………5 毫升

热量
133
千卡

制作方法

将所有材料倒入榨汁机中，搅拌均匀后倒入
玻璃杯中即可。

使身体由内向外散发活力

蜜橘苹果汁

材料

蜜橘（冷冻方法请参照第 92 页）……… 60 克

苹果（冷冻方法请参照第 38 页）……… 60 克

牛奶……………50 毫升

酸奶……………30 毫升

柠檬汁……………5 毫升

制作方法

1 备好榨汁机,倒入备好的冷冻蜜橘。

2 再倒入冷冻苹果。

3 加入牛奶、酸奶、柠檬汁。

4 打开榨汁机开关，将食材打碎，搅拌均匀，装杯，装饰好即可。

芒果

芒果是很多女性朋友爱吃的水果，其营养丰富，可制成果汁、果酱、罐头，也可用来腌渍，做酸辣泡菜以及制成芒果奶粉、蜜饯等。

选购

芒果以皮色黄橙均匀、表皮光滑、果蒂周围无黑点、触摸时感觉坚实而有肉质感为佳。如果皮色青绿、表皮发涩，或是表皮及果蒂周围有黑点，为未成熟芒果或已熟透的芒果。

营养价值

芒果果实含芒果酮酸、异芒果醇酸等三醋酸和多酚类化合物，具有抗癌的药理作用。芒果汁还能增加胃肠蠕动，使粪便在结肠内停留时间缩短。

——— 切法和冷冻方法 ———

1. 竖着将芒果切成大块，注意不要切到芒果核。
2. 将水果刀插入果皮内侧切去果皮。
3. 将果肉切成边长为2厘米的方块。
4. 将果肉块平放在保鲜袋中，排出袋中的空气，再放入冷冻室中冷冻。

都说芒果和酸奶很配，加上甜甜的蜂蜜，这样的饮料不妨来一杯

芒果酸奶蜂蜜奶昔

材料

芒果（冷冻方法请参照第 96 页）…… 120 克
牛奶 ………………10 毫升
酸奶 ………………30 毫升
蜂蜜 ………………3 毫升

热量
133
千卡

制作方法

将所有材料倒入榨汁机中，搅拌均匀后倒入
玻璃杯中即可。

轻松易做的经典水果思慕雪

热带水果，搭配在一起，酸酸甜甜的真的很好喝

橙子芒果西瓜果饮

手机扫一扫
视频同步做

材料

橙子（冷冻方法请参照第 30 页）……… 80 克

芒果（冷冻方法请参照第 96 页）……… 30 克

西瓜（冷冻方法请参照第 80 页）……… 50 克

酸奶………………30 毫升

薄荷叶………………少许

制作方法

1 备好榨汁机，倒入备好的冷冻芒果。

2 再倒入冷冻橙子、冷冻西瓜。

3 加入酸奶，打开榨汁机开关，将食材打碎。

4 搅拌均匀，倒入杯中，装饰好薄荷叶即可。

牛油果

牛油果果肉与人体皮肤亲和性好，极易被皮肤吸收，对紫外线有较强的吸收性，加之富含维生素E及胡萝卜素等，因而具有良好的护肤、防晒与保健作用。

选购

虽然牛油果的表皮是坑坑注注，但是挑选的时候也要注意看表皮有没有破损。轻捏牛油果表面，有弹性的为最佳。如果捏进去没有弹出来，说明放置过久。

营养价值

牛油果素有"森林黄油"之美称，营养丰富、绿色健康。牛油果富含钾元素、维生素E、B族维生素和膳食纤维，同时还含有丰富的油酸和亚油酸，有助于降低胆固醇。可以将成熟的牛油果冷冻保存。

切法和冷冻方法

1 竖着用水果刀沿着果核转一圈。

2 用手掰成两半，用刀挖去果核。

3 将果肉切成数个小瓣，切去果皮，切成厚度约为2厘米的小块。

4 将果肉块平放在保鲜袋中，排出袋中空气，放入冷冻室中冷冻。

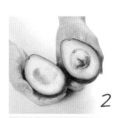

超级浓醇甜蜜，非常小清新的厚重感

牛油果香蕉健康果饮

手机扫一扫
视频同步做

材料

香蕉（冷冻方法请参照第 22 页）……… 80 克

牛油果（冷冻方法请参照第 100 页）… 80 克

柠檬汁 ……………… 5 毫升

热量

156
千卡

制作方法

1. 备好榨汁机，倒入备好的冷冻香蕉。

2. 再倒入冷冻牛油果，加入柠檬汁。

3. 打开榨汁机开关，将食材打碎，搅拌均匀。

4. 将打好的牛油果香蕉健康果汁倒入杯中即可。

热量
182
千卡

水果与五谷的搭配，营养全面，润滑口感犹在！

牛油果香蕉燕麦果饮

材料

牛油果（冷冻方法请参照第 100 页）··100 克

香蕉（冷冻方法请参照第 22 页）·········50 克

燕麦······················ 20 克

酸奶···················· 50 毫升

柠檬汁··············· 10 毫升

制作方法

1 备好榨汁机，倒入冷冻牛油果。

2 再倒入香蕉、燕麦。

3 加入酸奶、柠檬汁，打开榨汁机
开关，将食材打碎，搅拌均匀。

4 将打好的果饮倒入杯中，用少许
燕麦、牛油果粒点缀装饰即可。

补血佳品，改善您的苍白脸色

牛油果香蕉红糖果饮

材料

牛油果（冷冻方法请参照第 100 页）····80 克

香蕉（冷冻方法请参照第 22 页）········50 克

红糖··················20 克

牛奶··················30 毫升

酸奶··················50 毫升

制作方法

1 备好榨汁机，倒入冷冻牛油果。

2 加入香蕉，再倒入红糖。

3 加入牛奶、酸奶，打开榨汁机开关，将食材打碎，搅拌均匀。

4 将打好的果饮倒入杯中即可。

蓝莓

蓝莓果实色泽靓丽，果肉细腻，种子极小，可完全食用，具有清淡芳香。蓝莓果实除供鲜食外，还有极强的药用价值及营养保健功能，国际粮农组织现将其列为人类五大健康食品之一。

选购

成熟蓝莓表皮为深紫色或蓝黑色，覆有白霜。好的蓝莓果实结实，如果捏起来很软，还有汁

液渗出，说明已经熟过了；如果果肉干瘪、表皮起皱，说明存放过久，水分严重流失，不宜选购。

营养价值

蓝莓的果胶含量很高，能有效降低胆固醇，防止动脉粥样硬化，促进心血管健康。此外，蓝莓所含的花青苷色素，具有活化视网膜的功效，可以强化视力，防止眼球疲劳。

切法和冷冻方法

1 将蓝莓用清水洗净。
2 用毛巾擦干表面水分。
3 用刀将蓝莓对半切开。
4 将果肉平放在保鲜袋中，排出袋中的空气，再放入冷冻室中冷冻。

酸甜可口，颜值颇高，想来一杯吗？

蓝莓猕猴桃香蕉果饮

材料

蓝莓（冷冻方法请参照第 106 页）⋯⋯⋯80 克
猕猴桃（冷冻方法请参照第 44 页）⋯⋯50 克
香蕉（冷冻方法请参照第 22 页）⋯⋯⋯50 克
酸奶 ⋯⋯⋯⋯⋯⋯⋯30 毫升

热量
211
千卡

制作方法

将所有的冷冻水果与酸奶倒入榨汁机中，搅
拌均匀后倒入玻璃杯中，点缀上蓝莓即可。

热量
183
千卡

甜蜜蜜如恋爱的感觉

蓝莓橙子香蕉果饮

材料

蓝莓（冷冻方法请参照第 106 页）⋯⋯⋯50 克

橙子（冷冻方法请参照第 30 页）⋯⋯⋯80 克

香蕉（冷冻方法请参照第 22 页）⋯⋯⋯80 克

牛奶⋯⋯⋯⋯⋯⋯50 毫升

酸奶⋯⋯⋯⋯⋯⋯30 毫升

柠檬汁⋯⋯⋯⋯⋯5 毫升

薄荷叶⋯⋯⋯⋯⋯少许

制作方法

1 备好榨汁机，倒入冷冻蓝莓。

2 再加入橙子、香蕉。

3 加入牛奶、酸奶、柠檬汁后，打开榨汁机开关，将食材打碎。

4 搅拌均匀后，将打好的果饮倒入杯中，点缀上薄荷叶装饰好即可。

热量
122
千卡

润肺通畅，排毒一身轻松

蓝莓香蕉杏仁果饮

材料

蓝莓（冷冻方法请参照第 106 页）……30 克

香蕉（冷冻方法请参照第 22 页）……100 克

杏仁……………………20 克

牛奶………………30 毫升

酸奶………………50 毫升

制作方法

1 备好榨汁机，倒入冷冻蓝莓。

2 再加入香蕉和杏仁。

3 加入牛奶、酸奶，打开榨汁机开关，将食材打碎，搅拌均匀。

4 将打好的果饮倒入杯中即可。

木瓜

木瓜外形光滑美观，果肉厚实细致、香气浓郁、汁多甜美，有"水果之皇"的美称。木瓜不仅可以用作水果、蔬菜，还有多种药用价值，未成熟番木瓜的乳汁，可提取番木瓜素，是制造化妆品的上乘原料，具有美容增白的功效。

选购

挑选木瓜宜选择外观无瘀伤凹陷，果型以长椭圆形且尾端稍尖者为佳。木瓜有公母之分：公

营养价值

现代医学发现，木瓜中含有一种酵素，能消化蛋白质，有利于人体对食物的消化和吸收，故有健脾消食的功效。此外，木瓜含有的木瓜酶、维生素C，对人体有抗衰老、美容护肤的功效。

瓜椭圆形，身重，核少肉结实，味甜香；母瓜身稍长，核多肉松，味稍差。皮呈黑点的木瓜已开始变质，甜度、香味及营养都已被破坏。

切法和冷冻方法

1. 将木瓜底部切除。
2. 再竖着切成两半，用汤匙挖去木瓜籽。
3. 削去外皮，再将果肉切成小块。
4. 将果肉块平放在保鲜袋中，排出袋中的空气，再放入冷冻室中冷冻。

1

2

3

4

营养丰富，还是丰胸佳品

木瓜葡萄柚柠檬果饮

材料

木瓜（冷冻方法请参照第 112 页）……80 克
葡萄柚（冷冻方法请参照第 52 页）……50 克
柠檬汁冰块（制作方法请参照第 84 页）3 块
酸奶……30 毫升

制作方法

将所有的冷冻水果、柠檬汁冰块以及酸奶倒入榨汁机中，搅拌均匀后倒入玻璃杯中即可。

热量
163
千卡

一款属于爱美女士的必备饮品

木瓜香蕉百香果果饮

材料

木瓜（冷冻方法请参照第 112 页）……100 克

香蕉（冷冻方法请参照第 22 页）………50 克

百香果………………………2 个

酸奶………………………30 毫升

柠檬汁………………… 10 毫升

薄荷叶………………… 少许

制作方法

1 备好榨汁机，倒入冷冻木瓜、冷冻香蕉。

2 将百香果切开，倒入果肉和籽，加入酸奶、柠檬汁。

3 打开榨汁机开关，将食材打碎，搅拌均匀。

4 将打好的果饮倒入杯中，用少许薄荷叶点缀装饰好即可。

热量
179
千卡

超棒易做的经典水果思慕雪

香气诱人，让人流连忘返的果饮

木瓜百香果芝麻果饮

材料

木瓜（冷冻方法请参照第 112 页）……120 克

百香果……………2 个

牛奶……………30 毫升

酸奶……………50 毫升

柠檬汁……………10 毫升

亚麻籽、杏仁碎…各少许

制作方法

1 备好榨汁机，倒入冷冻木瓜。

2 将百香果切开，倒入果肉和籽，加入牛奶、酸奶和柠檬汁。

3 打开榨汁机开关，将食材打碎，搅拌均匀。

4 将打好的果饮倒入杯中，用少许亚麻籽、杏仁碎点缀即可。

热量
148
千卡

轻松易做的经典水果思慕雪

酸酸的，真好喝，快来自制一杯

木瓜橙子柠檬果饮

材料

木瓜（冷冻方法请参照第 112 页）……80 克
橙子（冷冻方法请参照第 30 页）………50 克
柠檬汁冰块（制作方法请参照第 84 页）2 块
牛奶……………30 毫升
酸奶……………50 毫升

制作方法

1 备好榨汁机，倒入冷冻木瓜、冷冻橙子。

2 倒入柠檬汁冰块，加入牛奶、酸奶。

3 打开榨汁机开关，将食材打碎，搅拌均匀。

4 将打好的果饮倒入杯中即可。

绿色健康的蔬果思慕雪

我们知道思慕雪中加入蔬菜有益健康，但是味道让人难以下咽。让我们教您调制，搭配蔬菜同样新鲜美味，还能补充活力的蔬果思慕雪。

西红柿

西红柿外形美观，色泽鲜艳，汁多肉厚，酸甜可口，既是蔬菜，又可作果品食用，可以生食、煮食，加工制成番茄酱、汁或整果罐藏。

选购

西红柿一般以果形周正，无裂口、虫咬，圆润、丰满、肉肥厚，心室小者为佳，不仅口味好，而且营

营养价值

西红柿所含维生素 A、维生素 C，可预防白内障，对夜盲症有一定防治效果；所含番茄红素具有抑制脂质过氧化的作用，能防止自由基的破坏，抑制视网膜黄斑变性，维护视力。

养价值高。质量较好的西红柿手感沉重，如若是个大而轻的说明是中空的西红柿，不宜购买。

切法

1 洗净后的西红柿拔去果蒂。

2 将西红柿对半切开。

3 切成数个小瓣，再切成小块。

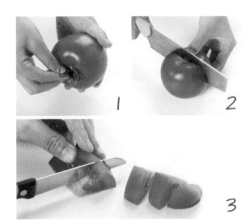

富含维生素 C，营养满分的美味思慕雪

草莓西红柿果饮

手机扫一扫
视频同步做

材料

西红柿……………80 克

草莓（冷冻方法请参照第 70 页）…… 30 克

牛奶……………40 毫升

酸奶……………40 毫升

柠檬汁……………5 毫升

热量
105
千卡

制作方法

将所有材料倒入榨汁机中，搅拌均匀后倒入玻璃杯中即可。

123

热量
129
千卡

赶紧来清清肠胃，多吃些蔬菜水果，给肠胃清清火

橙子芒果西红柿汁

材料

西红柿 ·················40 克
橙子（冷冻方法请参照第 30 页 ）········ 50 克
芒果（冷冻方法请参照第 96 页 ）········ 20 克
酸奶 ·················30 毫升
柠檬汁 ·················5 毫升

制作方法

1 备好榨汁机，倒入备好的西红柿。

2 再倒入冷冻橙子、冷冻芒果。

3 加入酸奶、柠檬汁。

4 打开榨汁机开关，将食材打碎，
搅拌均匀，装杯，装饰即可。

小油菜

小油菜是十字花科植物油菜的嫩茎叶，原产我国，颜色深绿，帮如白菜，属十字花科白菜变种。南北广为栽培，四季均有供产。油菜的营养成分丰富，食疗价值高，可称得上是诸种蔬菜中的佼佼者。

选购

挑选时先看叶子的长短，叶子长的叫作长萁，叶子短的叫作矮萁。矮萁的品质较好，口感软

营养价值

小油菜中含有大量的植物纤维素，能促进肠道蠕动，增加粪便的体积，缩短粪便在肠腔内停留的时间，有助于治疗多种便秘，预防肠道肿瘤。小油菜还含有大量胡萝卜素和维生素 C，有助于增强机体免疫能力。

糯；长萁的品质较差，纤维多，口感不好。叶色淡绿的叫作"白叶"，叶色深绿的叫作"黑叶"，白叶的质量好。

切法

1. 将小油菜切去根部。
2. 用手将小油菜掰成一片一片。
3. 最后将小油菜切成小段。

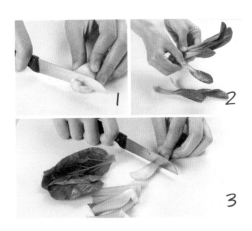

能够充分摄取充足的膳食纤维，对缓解便秘十分有效

菠萝小油菜汁

材料

小油菜 ·················20 克
菠萝（冷冻方法请参照第 58 页）······ 110 克
牛奶 ·················90 毫升
柠檬汁 ·············5 毫升

热量
154
千卡

制作方法

将所有材料倒入榨汁机中，搅拌均匀后倒入
玻璃杯中，放上切好的菠萝装饰即可。

热量
163
千卡

绿色健康的蔬果思慕雪

富含钾元素，有助于排除身体毒素

香蕉牛油果小油菜果饮

手机扫一扫
视频同步做

材料

小油菜 ·················30 克

香蕉（冷冻方法请参照第 22 页）········ 50 克

牛油果（冷冻方法请参照第 100 页）··· 50 克

酸奶 ·················50 毫升

柠檬汁 ·················5 毫升

制作方法

1 备好榨汁机，倒入备好的小油菜。

2 再倒入冷冻香蕉、冷冻牛油果。

3 加入酸奶、柠檬汁。

4 打开榨汁机开关，将食材打碎，搅拌均匀，装杯即可。

圆白菜

圆白菜也叫包菜、洋白菜或卷心菜，在西方是最为重要的蔬菜之一。它和大白菜一样产量高、耐储藏，是四季的佳蔬。

选购

一般来说，选购圆白菜时挑选叶球坚硬紧实的，松软的表示包心不紧，不宜购买。叶球坚实，但顶部隆

起，表示球内开始挑薹。中心柱过高者，食用风味稍差，也不宜够买。

营养价值

圆白菜富含维生素 C、维生素 E 和胡萝卜素等，具有很好的抗氧化及抗衰老作用。此外，其富含的维生素 U 对溃疡有很好的治疗作用，能加速愈合，还能预防胃溃疡恶变。

切法

1 用刀将圆白菜的根部切除。
2 用手将圆白菜一片一片撕开。
3 最后将圆白菜切成小块状。

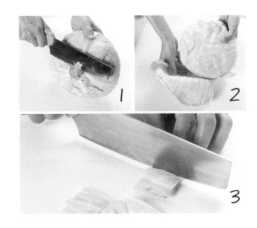

冷冻果肉和蔬菜的结合，打造醇正思慕雪

橙子圆白菜果饮

手机扫一扫
视频同步做

材料

圆白菜 ·················20 克
橙子（冷冻方法请参照第 30 页）······ 110 克
鲜橙汁 ·················50 毫升
薄荷叶 ·················少许

热量
74
千卡

制作方法

将除薄荷叶外的所有材料倒入榨汁机中，搅拌
均匀后倒入玻璃杯中，用薄荷叶装饰好即可。

热量
100
千卡

口感爽脆，宛如甜点的蔬果思慕雪

苹果猕猴桃圆白菜蔬果汁

手机扫一扫
视频同步做

材料

圆白菜 ·················20 克

苹果（冷冻方法请参照第 38 页）········50 克

猕猴桃（冷冻方法请参照第 44 页）·····50 克

牛奶 ·················50 毫升

酸奶 ·················40 毫升

柠檬汁 ···············5 毫升

制作方法

1 备好榨汁机，倒入备好的冷冻猕猴桃。

2 再倒入冷冻苹果和圆白菜，加入牛奶、酸奶、柠檬汁。

3 打开榨汁机开关，将食材打碎，搅拌均匀。

4 将打好的苹果猕猴桃圆白菜蔬果汁倒入杯中，装饰即可。

白菜

白菜为十字花科芸薹属一年生或二年生草本植物，其营养丰富，柔嫩适口，品质佳，耐贮存，我国南北方都有栽培，特别是北方栽培量很大。白菜是市场上最常见的、最主要的蔬菜种类，因此有"菜中之王"的美称。

选购

选购白菜的时候，首先要看根部切口是否新鲜水嫩；其次是颜色，以翠绿色最好，越黄、越

白则越老。整棵购买时要选择卷叶坚、有重量感的，同样大小的应选重量更重的。

营养价值

白菜的营养元素能够提高机体免疫力，有预防感冒及消除疲劳的功效。白菜中的钾能将盐分排出体外，有利尿作用。白菜中丰富的维生素C、维生素E，有护肤和养颜功效。

切法

1. 将白菜从根部切开。
2. 用手将白菜掰成一片一片。
3. 最后用刀将白菜切成小段。

晨练后来一杯，补充蛋白质和健康的脂肪，是运动健身的好帮手！

手机扫一扫
视频同步做

苹果香蕉白菜果饮

材料

白菜··················30 克
苹果（冷冻方法请参照第 38 页）········40 克
香蕉（冷冻方法请参照第 22 页）········70 克
牛奶··················80 毫升
柠檬汁·················5 毫升

热量
142
千卡

制作方法

将所有材料倒入榨汁机中，搅拌均匀后倒入玻璃杯中，装饰上香蕉片即可。

白萝卜

白萝卜原产我国，栽培、食用历史悠久。它营养丰富，有很好的食用和医疗价值，民间有"冬吃萝卜夏吃姜，一年四季保安康"的说法，因此深受大众的喜爱。

选购

白萝卜应选择比重大，分量较重，掂在手里沉甸甸的。这一条掌握好了，就可避免买到空心

萝卜如糠心萝卜、肉质呈菊花心状萝卜。此外，若白萝卜最前面的须是直直的，大多情况下，白萝卜是新鲜的。

营养价值

白萝卜中的芥子油和粗纤维可促进胃肠蠕动，有助于体内废物的排出。白萝卜中含有大量胶质，能生成血小板，有止血功效。此外，白萝卜能诱导人体自身产生干扰素，增加机体免疫力，并能抑制癌细胞的生长，对防癌、抗癌有重要作用。

切法

1. 白萝卜切段，削去外皮。
2. 用刀纵向将白萝卜切成片状。
3. 最后将白萝卜切成约2厘米宽的小方块。

无苦涩味，口感水润，具有排毒功效

苹果白萝卜汁

材料

白萝卜 ·················30 克
苹果（冷冻方法请参照第 38 页）······ 100 克
牛奶 ·················30 毫升
酸奶 ·················50 毫升
柠檬汁 ·················5 毫升

制作方法

将所有材料倒入榨汁机中，搅拌均匀后倒入玻璃杯中即可。

热量
130
千卡

胡萝卜

胡萝卜原产地中海沿岸，我国栽培甚为普遍，以山东、河南、浙江、云南等省种植最多，品质亦佳，秋冬季节上市。胡萝卜供食用的部分是肥嫩的肉质直根。

选购

选购胡萝卜的时候，以形状规整，表面光滑，且心柱细的为佳，不要选表皮开裂的。新鲜的胡

营养价值

胡萝卜中的胡萝卜素在人体内转变成维生素 A，有助于增强机体的免疫功能，在预防上皮细胞癌变的过程中具有重要作用。胡萝卜中的木质素也能提高机体免疫机制，间接消灭癌细胞。

萝卜手感较硬，手感柔软的说明放置时间过久，水分流失严重，这样的胡萝卜不建议购买。

切法

1 用刀切去胡萝卜的根部。
2 再削去胡萝卜的外皮。
3 用刀纵向将胡萝卜切成 1 厘米的厚片。
4 再将胡萝卜片切细条，最后切成小丁块。

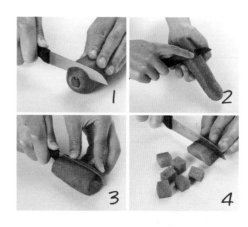

不接受胡萝卜特殊味道的人群，也会喜欢饮用

菠萝胡萝卜果饮

手机扫一扫
视 频 同 步 做

材料

胡萝卜 ·················30 克
菠萝（冷冻方法请参照第 58 页）······ 110 克
酸奶·················30 毫升
柠檬汁·················5 毫升

热量
146
千卡

制作方法

将所有材料倒入榨汁机中，搅拌均匀后倒入
玻璃杯中，放上切好的菠萝装饰即可。

热量
129
千卡

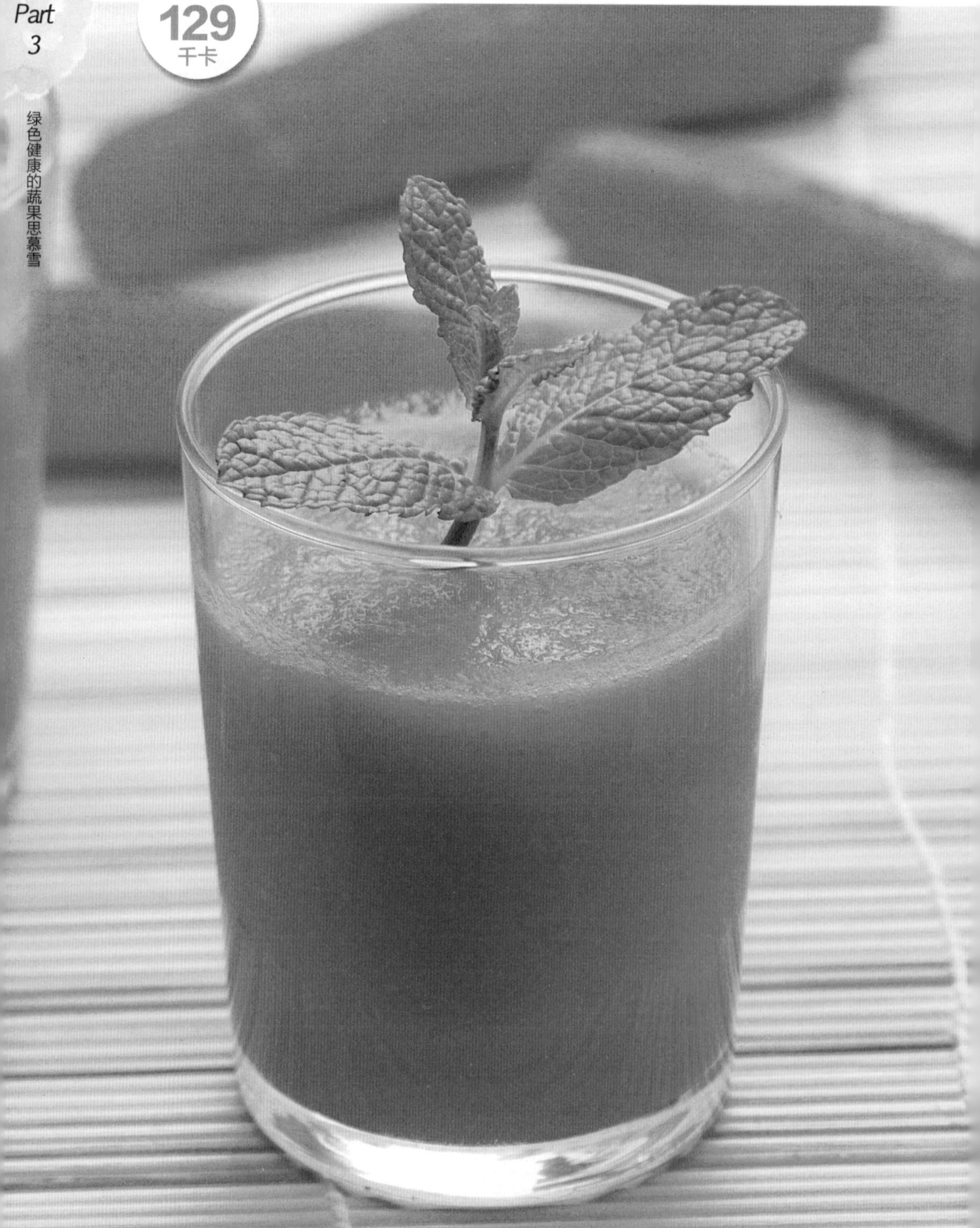

水果的清香遮掩了蔬菜的味道

橙子菠萝胡萝卜蔬果汁

手机扫一扫
视频同步做

材料

胡萝卜 ·················30 克

橙子（冷冻方法请参照第 30 页）········ 50 克

菠萝（冷冻方法请参照第 58 页）········ 60 克

酸奶 ·················30 毫升

柠檬汁 ·················5 毫升

薄荷叶 ·················少许

制作方法

1 备好榨汁机,倒入备好的胡萝卜、冷冻菠萝。

2 再倒入冷冻橙子，加入酸奶、柠檬汁。

3 打开榨汁机开关，将食材打碎，搅拌均匀。

4 将打好的橙子菠萝胡萝卜蔬果汁倒入杯中，用薄荷叶装饰即可。

南瓜

鲜嫩的南瓜味甘适口，是夏秋季节广受欢迎的瓜菜之一。偏老的南瓜可作饲料或杂粮，所以有很多地方又称为饭瓜。南瓜果肉可以做菜肴和甜点，南瓜子可以做零食。

选购

选购南瓜时以新鲜、外皮红色为主。如果表面出现黑点，代表内部品质有问题，不宜购买。同时，

掂掂南瓜的重量，同样体积大小的南瓜，要挑选较重的为佳。

营养价值

南瓜含有丰富的胡萝卜素和维生素 C，有健脾、预防胃炎、防治夜盲症、护肝、使皮肤变得细嫩等功效。南瓜中含有丰富的微量元素锌，锌是人体生长发育的重要物质，还可以促进造血。

━ 切法和烹饪方法 ━

1 将南瓜对半切开，用汤匙掏去南瓜子。
2 用刀削去南瓜外皮，再切成小块。
3 将果肉装入碗中，淋上少许清水。
4 放入微波炉中加热 5 分钟，取出压成泥即可。

香蕉和南瓜偶然的相遇，激情的升华，相亲相爱

香蕉南瓜果饮

材料

南瓜（去子，处理方法请参照第142页）50克

香蕉（冷冻方法请参照第22页）…… 120 克

酸奶……………………30 毫升

热量
166
千卡

制作方法

将所有材料倒入榨汁机中，搅拌均匀后倒入
玻璃杯中即可。

热量
154
千卡

香甜浓郁，水果口味，适合当作小点心的人气思慕雪

橙子苹果南瓜果饮

手机扫一扫
视频同步做

材料

南瓜（去子）………50 克
橙子（冷冻方法请参照第 30 页）……… 60 克
苹果（冷冻方法请参照第 38 页）……… 40 克
酸奶……………80 毫升
柠檬汁……………5 毫升

制作方法

1 将切好的南瓜装碗，放入微波炉，加热至熟软，取出，待用。

2 备好榨汁机，倒入南瓜、冷冻橙子、冷冻苹果，加入酸奶、柠檬汁。

3 打开榨汁机开关，将食材打碎，搅拌均匀。

4 将打好的橙子苹果南瓜汁倒入杯中即可。

黄瓜

黄瓜也称青瓜，属葫芦科植物，在我国各地均有栽培，且多数地区均为温室或塑料大棚栽培。黄瓜为各地夏季进食的主要蔬菜，具有生津止渴、除烦解暑的功效。

选购

挑选时，应选择条直、粗细均匀的瓜。一般来说，带刺、挂白霜的瓜为新摘的鲜瓜；瓜鲜绿、

营养价值

黄瓜中含有的维生素 C，具有提高人体免疫功能的作用。黄瓜中所含的葡萄糖苷、果糖等不参与通常的糖代谢，故糖尿病人以黄瓜代替淀粉类食物充饥，血糖非但不会升高，甚至会降低。

有纵棱的是嫩瓜；瓜条肚大、尖头、细脖的畸形瓜，是发育不良或存放时间较长变老所致。

—— 切法 ——

1. 将黄瓜洗净后切去头尾。
2. 将黄瓜切成 3 段，每段用刀竖切成两半。
3. 再将黄瓜切成厚约 1 厘米的小块。

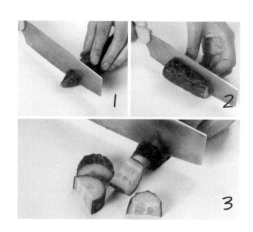

满满的维生素 C，果纤维是个好东西，绝不可浪费

哈密瓜黄瓜汁

材料

黄瓜 ······················20 克
哈密瓜（冷冻方法请参照第 74 页）··· 120 克
牛奶 ···················50 毫升
柠檬汁 ···············5 毫升

热量
93
千卡

制作方法

将所有材料倒入榨汁机中，搅拌均匀后倒入
玻璃杯中，装饰即可。

热量
147
千卡

绿色健康的蔬果思慕雪

清爽与浓厚相融合的另类搭配

菠萝香蕉黄瓜果饮

材料

黄瓜 ……………………20 克

菠萝（冷冻方法请参照第 58 页）……… 90 克

香蕉（冷冻方法请参照第 22 页）……… 30 克

牛奶 ……………………80 毫升

柠檬汁 …………………5 毫升

制作方法

1 备好榨汁机，倒入备好的黄瓜。

2 再倒入冷冻菠萝、冷冻香蕉。

3 加入牛奶、柠檬汁。

4 打开榨汁机开关，将食材打碎，搅拌均匀，装杯，点缀上果肉即可。

红甜椒

红甜椒又称为灯笼椒，原产地在南美洲的秘鲁和中美洲的墨西哥一带。其为一年生茄科植物，可生食或熟食，含有丰富的维生素 C。

选购

首先要看甜椒是否新鲜，新鲜的甜椒颜色是发亮的，看起来非常有光泽。其次还要看甜椒表面是否

有皱褶，如果甜椒表面有皱褶，说明甜椒有可能放置时间过长，甜椒的水分有可能丢失了。

营养价值

红甜椒富含维生素 C，能帮助肝脏解毒，清理身体内长期淤积的毒素，增进身体健康。同时能增加免疫细胞的活性，消除体内的有害物质。此外，富含的铜是人体健康不可缺少的微量营养素，对于肝、心等内脏的发育和功能有重要影响。

切法

1 用手拔去红甜椒柄。
2 用刀纵向切开红甜椒。
3 去籽后，将红甜椒切成小块。

胃口不佳时，有助于补充营养

菠萝红甜椒果饮

手机扫一扫
视频同步做

材料

红甜椒 ·················20 克
菠萝（冷冻方法请参照第 58 页）······ 110 克
牛奶 ·················80 毫升
柠檬汁 ·················5 毫升

热量
128
千卡

制作方法

将所有材料倒入榨汁机中，搅拌均匀后倒入
玻璃杯中即可。

热量
121
千卡

绿色健康的蔬果思慕雪

人人喜欢的简单美味

橙子香蕉红甜椒汁

材料

红甜椒 ·················20 克

橙子（冷冻方法请参照第 30 页）········ 80 克

香蕉（冷冻方法请参照第 22 页）········ 30 克

牛奶 ·················50 毫升

酸奶 ·················30 毫升

柠檬汁 ·················5 毫升

制作方法

1 备好榨汁机，倒入备好的红甜椒。

2 再倒入冷冻香蕉、冷冻橙子。

3 加入牛奶、酸奶、柠檬汁。

4 打开榨汁机开关，将食材打碎，搅拌均匀，装杯，装饰好即可。

享受美好生活，从一杯思慕雪开始

思慕雪是一种健康饮品，同时也可以理解为一种富含维生素的小吃或甜点。年轻女性可以用作代餐，让我们美好的一天，从一杯思慕雪开始吧！

用思慕雪净化我们的身心

在我们现在的饮食中，一天只要饮用一杯思慕雪就能起到足够好的营养补充效果。除此之外，饮用思慕雪也能起到净化身心的作用，能让身体从消化活动中解脱出来，好好地休息，之后整装待发。

思暮雪的优点

思慕雪断食法跟不摄取一切固体物的水断食法和果汁断食法相比，相对更加安全，更不容易感到饥饿，从而更容易接受一些。还有一个优势，就是在断食期间，可以从绿色蔬菜和水果中获取满满的营养，这样当我们回归正常的饮食生活时，不会引起剧烈的反弹。

喝思慕雪净化身心注意事项

净化身心时，理想的居住环境比较推荐远离都市的自然场所。为了避免饥饿难耐，请大家准备好充足的思慕雪。同时把那些甜味的点心从桌子上拿走，尽量放到手够不到的地方。在开始净化排毒前，我们要置办思慕雪的材料，并要提前想好菜单，这些准备工作都会充满乐趣。

在净化排毒期间，大家可以读读书、看看电影、写写日记，尽可能享受自己一个人的时光。

净化排毒期间，一定要密切关注自己的身体状况，小心行事。

由于思慕雪中含有适量的糖分和热量，所以有些人会以为体重没有如他们所期望的那样下降，但其实很多人都会发现身体上的浮肿消失了，肚子周围、臀部和大腿都变得更加纤瘦，脸也瘦了下来。并且思慕雪中含有的绿叶素具有惊人的治愈能力，所以就算一个人减重几十千克也不会出现皮肤松弛的状况，能让肌肤弹性再生。

断食排毒的时间可以是半天、3 天或 1 周不等。大家一定要根据自身的身体状况量力而行，千万不要勉强行事。

日 常 生 活 饮 用 者 实 例 推 荐

实例1：主人公为两个孩子的母亲。在接送孩子去幼儿园和学习的间隙享受自己的时光。费尽心思考虑家人的健康，为大家制作精良的食物。

6:00	起床，制作早餐和思慕雪
6:30	丈夫和孩子起床，全家每人都喝一杯思慕雪，之后吃米饭和味噌汤
7:30	将孩子们送出家门，然后开始操持家务
11:00	喝早上剩下的思慕雪
11:30	到美容院美容
13:00	约朋友喝茶，点蛋糕套餐
16:00	到幼儿园接孩子
18:00	与孩子们一起共进晚餐
20:00	带孩子们洗澡
21:00	孩子们就寝后，开始学习香薰师资格认证
23:00	丈夫回家后，就寝

实例2：主人公职业为金融机关的事务员，喜欢料理和瑜伽，对健康的关注度极高。非常注意有规律的生活。

6:30	起床，制作1升的思慕雪和便当。早餐只喝思慕雪，喝掉2杯，剩下的带到公司
8:30	到公司后，准备公司内部会议资料
12:00	午饭，吃自己带来的沙拉便当午餐
15:00	在工作间隙，喝自己带来的思慕雪来代替零食摄入
17:00	下班
17:30	去公司附近的瑜伽工作室，做一些放松类的瑜伽
19:30	跟学生时代的朋友共进晚餐。吃了最近非常有名的美味蔬菜餐，互相聊聊彼此的近况，然后再一起吃些甜点
21:30	回家，一边读书一边悠闲地泡1小时的半身浴
23:00	就寝

关于思慕雪常见的一些问题

关于思暮雪，或许在你心里存在许多疑问。思暮雪怎么喝？如何才能喝得健康？关于思暮雪常见的一些问题，本节会为你解答。

问： 一天应该喝多少量的思慕雪比较好？

答：

饮用的量因人而异，可能的话开始时尽量每天喝1升以上，这样效果比较明显。在持续饮用的过程中，也可以适当地减量。因为吸收营养的效率提高了，即使只喝少量的思慕雪也能摄取到很多的营养元素。

问： 使用小白菜制成的思慕雪有辣味，这是为什么呢？

答：

小白菜等油菜科的绿色蔬菜，在一定季节或条件下会变得带有辣味。因为这些蔬菜只有茎的部分含有辣味，所以请大家使用叶的部分制作思慕雪。

问： 刚开始饮用思慕雪，却出现了便秘的状况，这是怎么回事呢？

答：

由于大家一直食用加热后的加工食物，所以肠的肌肉退化，人们习惯将食物挤压出来的这种排便方式。而思慕雪中90%是水分，想要排便则必须要有正常的肠蠕动。只要坚持饮用思慕雪，肠就能恢复本来的机能。

问： 婴儿也可以饮用吗？

答： 出生6个月以上的婴儿便可以饮用思慕雪了。思慕雪对消化很有帮助，正好适合作为断乳食物。不过一定要当心食物过敏情况，请大家一边观察情况一边慢慢增加摄入的量和水果蔬菜的种类。

问： 思慕雪会不会跟自身的体质不和呢？

答： 任何食物都可能会出现与各种不同身体状况和体质不和的现象。所以就算思慕雪对消化非常温和，也可能会有人无法适应。
患慢性病的人，肠胃都很敏感，所以过多的纤维会造成消化的负担。在这种情况下，建议大家开始时先将思慕雪过滤一遍，去除纤维再饮用。还有对于一些食物过敏的人，一定要注意使用的材料。如果感到不安，建议大家向值得信赖的专家咨询。
每个人的体质各不相同，而且人的身体无时无刻不在变化。所以不要囫囵吞枣，要用心倾听自己身体发出的讯号。

问： 如果每天喝不下1升也能有效果吗？

答： 虽说每天1升的量比较容易出现效果，不过也要根据个人的年龄、身体状况、平时的饮食等改变饮用的量。没必要勉强自己。有很多人只是饮用很少的量，但是长此以往也都收到了很好的效果。

问： 一喝思慕雪就觉得肚子很饿，为什么呢？

答： 开始喝思慕雪的时候，就算喝掉大量的思慕雪也总是一副肚子空空的状态，总是渴望甜食和其他食品。这是因为消化活动此时非常活跃，正要跟以往完全不同的饮食创造一个身体的平衡状态。这是非常自然的现象，所以不用担心。当胃酸分泌正常、身体机能趋于平衡之后，大部分的人都会渐渐恢复正常。

问： 听说在饮用思慕雪前后40分钟之内最好不要吃任何东西，那么连咖啡、茶都不可以喝吗？

答：

由于咖啡和茶中含有咖啡因，所以不要跟思慕雪一起饮用，建议大家间隔一段时间。对于那些习惯早上喝杯咖啡的人也不需要勉强戒掉，只要持续饮用思慕雪，咖啡因的摄取量便会不断减少。思慕雪跟水或白开水一起饮用没有任何问题。

问： 有机无农药蔬菜到底买不买得到？

答：

买到真正的有机蔬菜从现实角度出发是非常困难的，也很难持久。大家只要尽力就好，同时要善于利用一些有机农场提供的宅配蔬菜。

问： 刚开始制作蔬菜思慕雪，如何做到好喝又没有腥味？

答：

思慕雪如果腥味太重，多是由于加入过多的绿叶蔬菜所致。因为有些人特别受不了绿叶蔬菜的腥味，所以在习惯这种口味之前，可以一点点增加蔬菜的量，这样就没有问题了。